AF354688